AF349637

COMPTES RENDUS

DU

CONGRÈS INTERNATIONAL

DES

MATHÉMATICIENS

Strasbourg, 22-30 Septembre.

Alfred UNGERER

L'HORLOGE ASTRONOMIQUE de la CATHÉDRALE de STRASBOURG

TOULOUSE

IMPRIMERIE ET LIBRAIRIE ÉDOUARD PRIVAT

Librairie de l'Université.

14, RUE DES ARTS (SQUARE DU MUSÉE)

—

1920

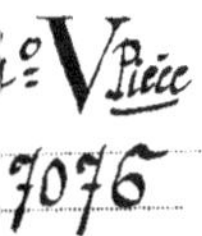

L'HORLOGE ASTRONOMIQUE DE LA CATHÉDRALE DE STRASBOURG

Par M. Alfred UNGERER(¹)

(STRASBOURG)

L'Horloge astronomique actuelle est la troisième œuvre de ce genre qui orne la Cathédrale de Strasbourg. Une première horloge, construite en 1354 et appliquée contre le mur en face de l'horloge actuelle n'a fonctionné que peu de temps; on ne connait que quelques détails très sommaires sur sa construction, et l'auteur en est inconnu. La cage du mécanisme était en bois, et montrait au bas un calendrier, à l'étage du milieu un astrolabe indiquant le mouvement apparent du soleil et des planètes, et à l'étage supérieur une statue de la Sainte Vierge portant l'Enfant Jésus, devant lequel, au coup des heures, venaient s'incliner les Rois Mages, pendant qu'un carillon jouait des mélodies de cantiques. La seule pièce qui existe encore de nos jours, est le coq automate, chantant et battant des ailes, qui est conservé au musée de l'Œuvre Notre-Dame.

Au début du seizième siècle, on commença les études pour la construction d'une deuxième horloge destinée à remplacer la première; la construction n'en fut achevée qu'en 1574. Elle fut construite par les frères Habrecht de Schaffhouse, d'après les calculs du mathématicien Dasypodius de l'Université de Strasbourg. Elle était munie de statuettes allégoriques semblables à celles de l'horloge actuelle, et avait conservé le carillon et le coq de la première horloge. Ses parties astronomiques comprenaient un astrolabe, un cadran représentant les phases lunaires, et un calendrier civil monté au rez-de-chaussée en forme d'anneau dans lequel était placé un grand disque en bois portant les indications du calendrier ecclésiastique; ces dernières, ainsi que les indications astronomiques peintes sur les panneaux appliqués des deux côtés du calendrier, étaient calculées pour environ un siècle; cette période révolue, il fallait donc renouveler les calculs et les peintures.

(¹) La Rédaction a cru intéressant de faire figurer ici un résumé de la conférence de M. Ungerer, faite pendant le Congrès, le 23 septembre 1920, au sujet de l'Horloge astronomique qui constitue l'un des plus beaux ornements de la Cathédrale de Strasbourg.

Après avoir subi à différentes reprises des réparations, cette deuxième horloge cessa de fonctionner vers 1786.

Jean-Baptiste Schwilgué, né à Strasbourg en 1776, avait été, dès sa jeunesse,

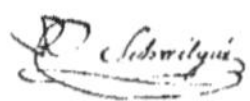

vivement impressionné par le chef-d'œuvre ornant la Cathédrale et conçut le projet de rendre la vie à l'horloge arrêtée et muette depuis de si longues années. Horloger très habile et doué de facilités extraordinaires en mathématiques, il approfondit ses connaissances en mathématiques, astronomie, physique et mécanique à l'aide de livres qu'il se procurait.

Après avoir présenté à la ville de Strasbourg, à partir de 1821, différents projets de remise en état de l'Horloge astronomique, Schwilgué obtint enfin en 1836 la commande définitive de ce travail, à l'étude duquel il avait consacré de si nombreuses années. Les calculs, dessins et autres travaux prirent encore deux ans, et l'exécution du mécanisme demanda quatre années, de sorte que l'horloge put définitivement être mise en marche le 31 décembre 1842 à minuit.

Il peut être intéressant d'indiquer le prix qu'a coûté l'horloge actuelle. Selon les conditions du cahier des charges, Schwilgué s'était engagé à remettre en bon état les anciens mécanismes pour une somme d'environ 32.000 francs; mais au cours de son travail, il augmenta très sensiblement le programme qu'il s'était imposé, et ce n'est qu'après avoir achevé entièrement son œuvre, qu'il soumit au Conseil municipal la note des frais de revient qui se montait à 81.000 francs. Le Conseil lui alloua en plus une somme de 20.000 francs pour son travail personnel, de sorte que l'horloge revint à une somme totale de 101.000 francs.

De même que les deux premières Horloges astronomiques de la Cathédrale de Strasbourg représentaient l'état des connaissances au quatorzième et au seizième siècles, ainsi l'horloge de Schwilgué représente au point de vue scientifique et technique, le plus haut degré de précision à son époque, tant et si bien qu'elle peut être considérée encore de nos jours comme le plus brillant chef-d'œuvre universel en horlogerie astronomique, qui n'a jamais été dépassé ni même égalé.

MÉCANISMES DE L'HORLOGE. — La grande valeur du chef-d'œuvre de Schwilgué consiste surtout dans la reproduction mécanique des résultats de ses calculs, au moyen de mouvements qu'il a su créer et disposer d'une façon excessivement ingénieuse.

Trois espèces de temps sont reproduites sur l'horloge :

Le *temps moyen* est indiqué sur un cadran à hauteur de la galerie aux lions. Aux aiguilles dorées qui donnent le temps moyen astronomique du méridien de Strasbourg, on a ajouté en mars 1919, pour éviter les confusions dues aux changements d'heure, une paire d'aiguilles argentées marquant l'heure publique de la ville. C'est également d'après cette heure que fonctionnent maintenant la sonnerie et les mouvements des figurines.

Le *temps vrai* est indiqué sur un grand cadran divisé en 2 × 12 heures et situé au bas de l'horloge. Le fond de ce cadran représente le plan de l'équateur terrestre, le milieu en est occupé par l'hémisphère terrestre boréale dont le rayon vertical supérieur représente le méridien de Strasbourg, et dont l'axe correspond au centre du cadran. L'aiguille porte à sa pointe un petit disque solaire et fait en moyenne un tour en 24 heures. Son mouvement est pareil au mouvement apparent que décrit le soleil autour de la terre, mais projeté dans le plan de l'équateur. Le moment où l'aiguille à disque solaire est sur midi, correspond au passage du soleil dans le méridien de Strasbourg: on peut le contrôler à l'aide d'une ligne méridienne adaptée

près de l'une des portes d'entrée et permettant de constater le moment du passage
du soleil.

Les irrégularités dans la marche de cette aiguille sont reproduites par les mécanismes des équations solaires, visibles dans une vitrine à droite du cadran.

Le *temps sidéral* est indiqué au moyen d'une simple aiguille à heures sur un petit
cadran qui est monté sur la sphère céleste placée devant l'horloge. Le centre de ce
cadran correspond à l'axe de rotation de la sphère céleste qui est inclinée d'environ 48°
sur l'horizon, angle correspondant à la latitude de Strasbourg. Sur la sphère sont
reproduites environ 5.000 étoiles des six premières grandeurs.

La sphère céleste est montée dans un système de cercles (les colures), dans lesquels elle décrit, en outre de la révolution diurne, un mouvement secondaire dont une révolution s'effectue dans l'espace de 25.868 ans, période qui correspond au mouvement de la *précession des équinoxes*.

Des difficultés bien plus grandes résidaient dans la reproduction du *mouvement apparent de la lune autour de la terre*, qui est représenté par une deuxième aiguille placée sur le cadran du temps vrai. Cette aiguille décrit trois espèces de mouvements entièrement distincts : *a*) un mouvement de révolution, qui correspond à celui que décrit la lune dans son orbite, mais projeté sur le plan de l'équateur terrestre ; *b*) un mouvement rotatoire autour d'elle-même, indiquant les phases lunaires ; à cet effet, l'aiguille est munie à sa pointe d'une petite boule dont une moitié est noire et l'autre argentée, et qui décrit un tour dans un mois synodique ; *c*) un mouvement d'allongement et de raccourcissement, qui a pour but de représenter mécaniquement les éclipses solaires et lunaires. Lorsqu'une éclipse de soleil a lieu, la petite boule qui représente la lune se place devant le disque solaire de l'aiguille du temps vrai, et lorsqu'il y a éclipse lunaire, la petite boule passe derrière un disque noir représentant l'ombre terrestre et fixé au prolongement diamétral de l'aiguille solaire. Le passage de l'aiguille lunaire devant l'aiguille solaire correspond au moment où la lune est en conjonction avec le soleil, et la rencontre de l'aiguille lunaire avec le prolongement diamétral de l'aiguille solaire correspond au moment de l'opposition.

L'orbite lunaire étant inclinée sur l'écliptique d'environ 5°, il ne peut jamais y avoir d'éclipse solaire ou lunaire quand la lune se trouve soit au nord, soit au sud de l'écliptique. Dans ces deux cas, l'aiguille lunaire est ou allongée ou raccourcie par le mécanisme, de sorte que la petite boule lunaire passe soit en dehors, soit en dedans des deux disques représentant le soleil et l'ombre de la terre. Une éclipse ne peut en réalité avoir lieu qu'aux nœuds ascendants ou descendants de la lune. A ce moment l'aiguille lunaire a sa longueur moyenne, de sorte que la boule lunaire pourra se placer soit devant le disque solaire, soit derrière l'ombre terrestre, au moment où les deux aiguilles se rencontreront.

En comparant la position dans laquelle se trouvent les aiguilles du soleil et de la lune relativement à l'hémisphère terrestre boréale placée au milieu du cadran, au moment où ces aiguilles représentent mécaniquement une éclipse, on peut reconnaître les contrées de la terre où ces éclipses sont visibles.

Le mouvement de là lune, décrit dans son orbite, présente des irrégularités fort considérables. De plus, la ligne des nœuds change de direction et accomplit une révolution en dix-huit ans environ. Il résulte de ce fait que l'angle entre l'orbite lunaire et le plan de l'équateur varie entre 28° et 18° ; c'est là la cause des difficultés extrêmes qu'on a eues à obtenir une reproduction exacte du mouvement apparent de la lune projeté sur le plan de l'équateur terrestre.

Schwilgué a imaginé une solution des plus ingénieuses de ce problème à l'aide des mécanismes des *équations solaires et lunaires* qui déterminent la marche irrégulière des deux aiguilles du système apparent et que l'on aperçoit dans la vitrine à droite du cadran du temps vrai.

Le mouvement apparent du soleil et de la lune autour de la terre est aussi très irrégulier par suite des influences de l'attraction réciproque auxquelles la terre et la lune sont soumises. Chacune de ces variations est reproduite dans ledit mécanisme par une courbe spéciale appliquée à une roue dentée dont la durée de rotation correspond exactement à la durée de la période qu'elle représente. Ces roues sont disposées horizontalement l'une au-dessus de l'autre, exerçant ainsi un mouvement intégrateur ascendant ou descendant sur un système de tringles qui transmettent le résultat de ces mouvements au mécanisme du temps apparent. Par un dispositif très ingénieux, celui-ci communique ces fluctuations aux aiguilles du soleil et de la lune, de manière à accélérer ou à ralentir leur mouvement de la quantité nécessaire pour le faire correspondre exactement au mouvement apparent du soleil et de la lune.

Les équations solaires comportent deux courbes qui représentent l'année tropique et l'année anomalistique. Les équations lunaires comprennent cinq courbes qui se rapportent aux périodes de l'anomalie, de l'évection, de la variation, de l'équation annuelle et de la réduction. Le troisième mécanisme renfermé dans la vitrine règle le mouvement de la ligne des nœuds.

Des mécanismes moins compliqués complètent l'ensemble de l'horloge : celui représentant le mouvement du *système planétaire* autour du soleil, occupant le milieu de l'horloge; celui du *globe lunaire* placé au-dessus, qui décrit un tour dans l'espace d'un mois synodique et indique les phases de la lune au fur et à mesure qu'il fait voir sa face noire ou sa face dorée; enfin le mouvement du *calendrier perpétuel* qui entoure en forme d'anneau le cadran du temps vrai. Cet anneau décrit un tour en une année et indique les dates, les lettres dominicales, les noms des saints, éventuellement le jour bissextile, ainsi que toutes les fêtes mobiles et immobiles. Quand l'année à venir est bissextile, l'arc portant les dates du 1ᵉʳ janvier au 28 février est automatiquement reculé d'un jour dans la nuit du 31 décembre précédent et laisse apparaître le 29 février. De même, le 31 décembre suivant, il est de nouveau avancé d'un cran, recouvrant ainsi le jour bissextile. Ce mécanisme élimine automatiquement le jour bissextile tous les 100 ans, mais il le reproduit tous les 400 ans, selon les règles du calendrier grégorien. Il place également automatiquement à leurs dates respectives, dans la nuit du 31 décembre, les fêtes mobiles dépendantes ou indépendantes de la fête de Pâques.

Le mécanisme dit *Comput ecclésiastique*, qui règle ces mouvements, mérite une mention spéciale, tant comme finesse de travail, que sous le rapport de la reproduction mécanique des lois du calendrier grégorien; il est renfermé dans la vitrine à gauche du cadran du temps vrai, faisant pendant à la vitrine contenant les mécanismes des équations solaires et lunaires.

Le comput ecclésiastique donne les indications suivantes :

le millésime;

le cycle solaire, c'est-à-dire la période de vingt-huit années après laquelle les mêmes jours de la semaine reviennent aux mêmes dates du mois;

le nombre d'or ou cycle lunaire qui comprend une période de dix-neuf ans, après laquelle les nouvelles lunes reviennent aux mêmes dates;

l'indiction romaine, une période de quinze années qui du temps des Romains était employée comme date chronologique dans les traités officiels et dans la perception des impôts, mais qui n'a pas d'importance astronomique;

la lettre dominicale, ou lettre qui dans le calendrier ecclésiastique sert à désigner les dimanches pendant la durée de l'année, d'après la lettre de l'alphabet sur laquelle tombe le premier dimanche de l'année;

enfin, les épactes, qui servent à la désignation des dates de la nouvelle lune dans le courant de l'année à venir. Le chiffre des épactes répond au nombre de jours écoulés depuis la dernière nouvelle lune de l'année jusqu'au 1ᵉʳ janvier. On obtient en général le chiffre pour l'année à venir en ajoutant 11 unités aux épactes de l'année écoulée et en retranchant 30, en cas de besoin. L'ordre régulier de cette période est toutefois interrompu dans les cas suivants : 1ᵉ Aux années séculaires non bissextiles, on n'ajoute que 10 unités au lieu de 11; 2ᵉ après la révolution de chaque cycle lunaire et lorsque le nombre d'or est = 1, les épactes doivent être augmentées d'une unité en plus; 3ᵉ dans l'espace de 2500 ans il faut encore ajouter huit jours en plus aux épactes, à répartir entre sept intervalles de 300 ans et un de 400 ans. En outre, une épacte exceptionnelle de 25 donnée en chiffres arabes au lieu des chiffres romains employés en général, est avancée d'un jour pour ne pas être placée au même jour que l'épacte XXIV, ce qui serait contraire aux règles du calendrier grégorien.

Toutes ces irrégularités sont prévues dans le mécanisme du comput ecclésiastique de Schwilgué, de telle sorte que toutes les indications sont reproduites automatiquement et d'une façon rigoureusement exacte à perpétuité.

Les indications de la lettre dominicale et des épactes servent à fixer la date du jour de Pâques. Le mécanisme du comput ecclésiastique reste immobile durant toute l'année, et entre seulement en fonctions le 31 décembre à minuit, pour mettre au point les indications du comput et pour placer à leur date les fêtes mobiles du calendrier civil.

Dans l'ensemble de son apparence extérieure, l'édifice renfermant les mécanismes ne diffère guère de celui de l'ancienne horloge de 1574. Aussi, bien des personnes croient-elles à tort que les mécanismes actuels sont encore les mêmes que ceux de l'horloge précédente.

Les moteurs les plus importants sont placés au premier étage, derrière le cadran du planétaire; ce sont ceux qui actionnent les diverses aiguilles, les figures des quatre âges qui viennent alternativement sonner les quarts, les mécanismes pour les sonneries des quarts et des heures, ainsi que les rouages du planétaire et des phases lunaires. Les appareils qui actionnent le calendrier, les aiguilles du temps apparent et la sphère céleste, se trouvent au rez-de-chaussée. Le mécanisme qui, après les douze coups de midi, fait défiler les apôtres devant le Christ, ainsi que celui qui produit les mouvements du coq qui chante trois fois pendant le défilé des apôtres, est placé au deuxième étage derrière les figures des quatre âges. Tout au haut de l'édifice se trouve le mécanisme qui produit le chant du coq.

Les rouages moteurs sont actionnés à l'aide de câbles par des poids qui sont accrochés dans la tourelle de gauche. Les mécanismes sont remontés une fois par semaine (¹).

(¹) A l'occasion de la conférence, M. Ungerer, successeur direct de Schwilgué, a présenté une série de projections concernant les mécanismes les plus importants de l'horloge, et rappela que ce fut le 2 octobre 1842, lors du 10ᵉ Congrès Scientifique de France, siégeant à Strasbourg, que Schwilgué mit, pour la première fois, son horloge en marche.

Toulouse. — Imp. et Lib. Édouard Privat. — 1913

9 782329 624952